BEI GRIN MACHT SICH IHR WISSEN BEZAHLT

AF148980

- Wir veröffentlichen Ihre Hausarbeit,
  Bachelor- und Masterarbeit

- Ihr eigenes eBook und Buch -
  weltweit in allen wichtigen Shops

- Verdienen Sie an jedem Verkauf

Jetzt bei www.GRIN.com hochladen
und kostenlos publizieren

Carolin Töpfer

Sturmfluten und die Entstehung der Küste

GRIN Verlag

Bibliografische Information der Deutschen Nationalbibliothek:

Die Deutsche Bibliothek verzeichnet diese Publikation in der Deutschen National-
bibliografie; detaillierte bibliografische Daten sind im Internet über http://dnb.d-
nb.de/ abrufbar.

Impressum:

Copyright © 2008 GRIN Verlag GmbH
Druck und Bindung: Books on Demand GmbH, Norderstedt Germany
ISBN: 978-3-656-36689-8

Dieses Buch bei GRIN:

http://www.grin.com/de/e-book/208962/sturmfluten-und-die-entstehung-der-
kueste

GRIN - Your knowledge has value

Der GRIN Verlag publiziert seit 1998 wissenschaftliche Arbeiten von Studenten, Hochschullehrern und anderen Akademikern als eBook und gedrucktes Buch. Die Verlagswebsite www.grin.com ist die ideale Plattform zur Veröffentlichung von Hausarbeiten, Abschlussarbeiten, wissenschaftlichen Aufsätzen, Dissertationen und Fachbüchern.

Besuchen Sie uns im Internet:

http://www.grin.com/

http://www.facebook.com/grincom

http://www.twitter.com/grin_com

FSU Jena
Institut für Geographie
Sommersemester 08

Sturmfluten an der Nordsee und die Entstehung der Küste

Hausarbeit

Verfasser: Carolin Töpfer

Studiengang: Geographie / Germanistik LA Gymnasium;

Inhalt

Tabellenverzeichnis

Abbildungsverzeichnis

1 Einleitung

Die Diskussion um den Klimawandel ist in den letzten Jahren nicht mehr nur als nötig, sondern auch als allgegenwärtig zu bezeichnen. Die breite Öffentlichkeit erörtert Schreckensszenarien jeder Art in Folge des Globalen Klimawandels.

Das steigende Gefahrenpotential an den Küstenregionen ist inzwischen, selbst für Beobachter außerhalb des Expertenkreises, sichtbar. Mit dem Klimawandel einher geht der Anstieg des Meerwasserspiegels, welcher zu einer Erhöhung der Scheitelwasserstände bei Sturmfluten führt (PETERSEN 1977: 129), weshalb das Interesse an dieser Materie als durchaus begründet zu bezeichnen ist.

Diese Arbeit konzentriert sich auf die Fragestellung, wie gefährdet die Nordseeküste ist. Hierfür wurde die Arbeit in zwei Teile gegliedert, wobei der erste als Hauptteil anzusehen ist. Dieser legt den Fokus auf die Thematik der Sturmfluten, wobei zunächst eine begriffliche Klärung (DIERCKE 1993)erfolgt, um danach auf deren Entstehung (SITTER 2007) und mögliche Schutzmaßnahmen (RATHJENS 1979) eingehen zu können.

Der zweite Teil wendet sich dem geomorphologischen Aspekt der Nordseeküste zu und beginnt zunächst mit der Erläuterung des allgemeinen Begriffs der Küste (DONGUS 1980), worauf die Entstehung der Nordseeküste im Groben (TIETZE 1983) erklärt wird.

2 Sturmfluten an der Nordsee

2.1 Was sind Sturmfluten?

Sind an Gezeitenküsten außerordentlich hohe Fluten zu verzeichnen, so sind diese als Sturmfluten zu bezeichnen. Ihre Entstehung geht einher mit dem „gleichzeitigen Eintreffen der Springflut und starker auflandiger Stürme" (DIERCKE 1993: 147). Die Flutwelle wird durch Brandung und Windstau verstärkt (DIERCKE 1993: 147). Die Deutsche Bucht gilt als ein besonders gefährdetes Gebiet. Hier können sich die Flutstände um 3,0 – 3,5 m erhöhen und an den Küsten zu „Turbulenzen, Strömungswechseln, intensiven Durchmischungen und Umlagerungsprozessen in den Sedimenten" führen (BUCHWALD 1996: 20).

Seit vielen Jahrhunderten wird das Auftreten einer Sturmflut an der Nordseeküste dokumentiert, was als Beleg zu werten ist, in Bezug auf der Tatsache, dass die Nordsee ein entsprechend gefährdetes Gebiet ist. Die nachfolgende Tabelle (JENSEN 2000: 44 – 45) enthält einige Sturmfluten der letzten Jahrhunderte mit Datum.

Tabelle 1: Partielle Chronik der Sturmfluten an der Nordsee (punktuell aus JENSEN 2000: 44 – 45)

Datum	Bemerkung
340 v. Chr.	sog. „Crimbrische Flut" (ggf. auch 120 v. Chr.)
1400	Friesenflut
16.02. 1625	Fastnachtflut, Südholland bis Jütland
03./ 04. 02. 1825	Februarflut, Ostfriesland bis Nordfriesland (HHThw)
31.01./01.02. 1953	Hollandflut, Niederlande und England
16./17. 02. 1962	Katastrophensturmflut, Ostfriesland bis Nordfriesland (HHThw)
29./30.01. 2000	Dänemark erhebliche Sandverluste auf Sylt (Kliff)

2.2 Entstehung einer Sturmflut

Wie bereits in der oben stehenden Tabelle angeführt, ist das Auftreten von Sturmfluten an der Nordseeküste seit mehreren Jahrhunderten belegt. Sie entstehen durch Luftströmungen, die je nach Intensität verschieden starke Wellenbewegungen auslösen (MEIER 2005: 49).

Zunächst ist es also hilfreich, sich mit de Entstehung des Windes zu beschäftigen. Wind ist im Wesentlichen eine Druckausgleichströmung zwischen zwei Gebieten unterschiedlichen Drucks. Diese Strömung bewegt sich immer vom Hoch zum Tief. Durch die Corioliskraft entstehen auf der Nordhalbkugel im Wesentlich zwei Phänomene. Zum einen werden alle Winde nach rechts abgelenkt und – damit verbunden – alle Winde auf der Nordhalbkugel umkreisen ein Tiefdruckgebiet entgegen dem Uhrzeigersinn. Zieht dann ein solches Tief auf die Nordseeküste zu können in Abhängigkeit von den benachbarten Hochdruckgebieten schwere Stürme entstehen (SITTER 2007: 3). Treffen nun die entstandenen Winde auf ein Hindernis entsteht ein Strömungsdruck, der die Wassermassen an die Küste „drückt", wodurch es zu einem erhöhten Wasserstand an der Küste kommt (SITTER 2007: 4). Im Allgemeinen unterscheidet man zwischen drei Arten von Sturmfluten: leichte, schwere und sehr schwere Sturmflut bzw. Wind – Sturm und Orkanflut. Als Maß gilt hierfür die Höhe über dem mittleren Tidewasserhochstand (MThw). Bei 1,5 bis 2,5m über dem MThw handelt es sich um eine Sturmflut, bei 2,5 bis 3,5m über MThw um eine schwere Sturmflut und ab 3,5m über MThw um eine sehr schwere Sturmflut (MEIER 2005: 50).

2.3 Schutzmaßnahmen

Sturmfluten bringen zumeist verheerende Folgen mit sich. Das Eintreten solcher Ereignisse kann das gesamte Ökosystem an den Küsten durcheinander bringen. Das Forschungsprojekt ELAWAT beschäftigt sich mit den Ökosystem der Nordsee und stellte explizit die Gefahren einer Sturmflut heraus und forderte eine Verstärkung der Maßnahmen im Bereich des Küstenschutzes (DITTMANN 1999: 290).

Als dazugehöriges Problem soll an dieser Stelle die Tatsache herausgestellt werden, dass die Nordseeküste zu den Flachküsten zählt. Die dort ackerbaulich genutzten Marsche unterliegen seit einigen Jahren Vorgängen des Landverlustes und sind somit anfällig für die Zerstörung durch Sturmfluten und Überschwemmungen (RATHJENS 1979: 121) Bei einer Sturmflut besteht mehr und mehr die Gefahr fruchtbares Land zu verlieren.

Neben den angeführten Gründen zur Verbesserung der Schutzmaßnahmen gegen Sturmfluten ist natürlich und vor allem die Tatsache zu nennen, dass in den letzten Jahren bei nahezu jeder sehr schweren Sturmflut Menschen ihr Leben ließen. Diesbezüglich war ein wesentlicher Anstoß zur Verbesserung der Deiche an der deutschen Küste die Hollandflut von 1953 (MEIER 2005: 143). Die Tatsache, dass ein Deichboden aber sieben bis zehn Jahre braucht, um sich zu setzten und zu verfestigen, ist eine von vielen Erklärungen für die Auswirkungen der Sturmflut von 1962 in Hamburg (SITTER 2007: 18).

Neben dem Deichboden ist die Bauform entscheidend für die Qualität eines Deiches. In den letzten Jahren wurden die Deiche an den Außenseiten immer flacher und fungieren somit als Wellenbrecher. Die neu ankommenden Wellen stoßen jetzt nicht mehr mit voller Kraft auf den Deich, sondern vorher auf das zurückströmende Wasser der letzten Welle. Dieses Verfahren schützt die Grasnarbe des Deiches (PETERSEN 1977: 97). Die nachfolgende Abbildung illustriert das „Flacherwerden" Außenseite und somit die allgemeine Veränderung der Deichprofile in den letzten Jahren.

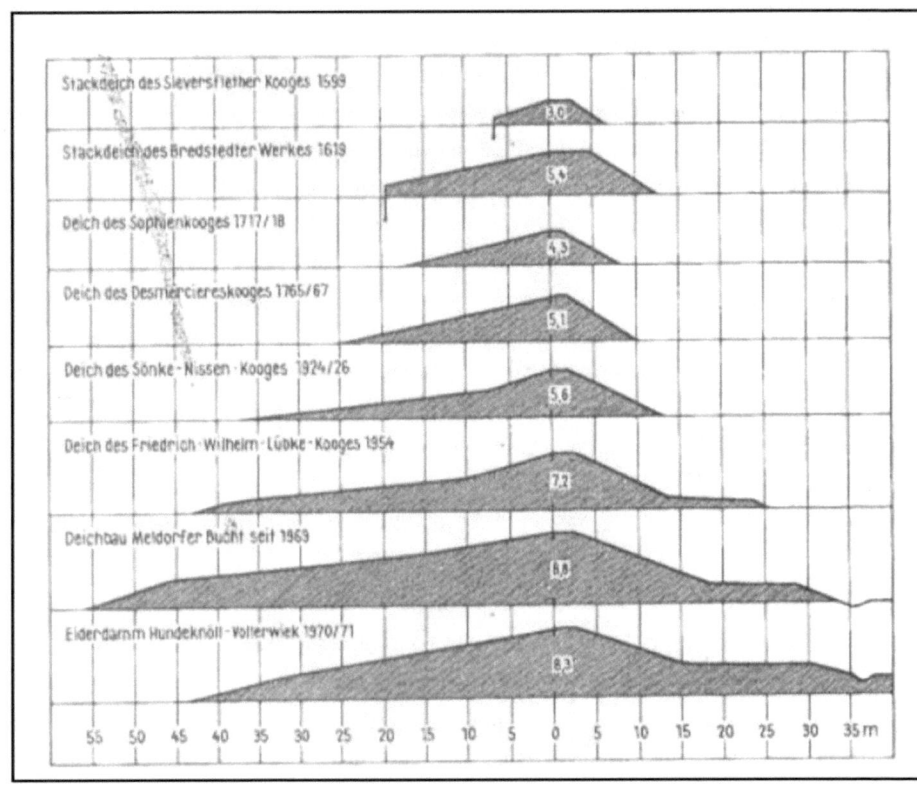

Abb. 1: Entwicklung der Deichprofile (aus PETERSEN 1977: 97)

Neben den Deichprofilen sollen hier noch andere Methoden zur Verbesserung der Schutzmaßnahmen angeführt werden. Das Material der Deiche, verschiedene Frühwarnsysteme und eine allgemeine Bewusstseinsschärfung sollten die Sicherheit der Bevölkerung hinter den Deichen weiterhin verbessern (SITTER 2007: 20).

3 Entstehung der Küste

3.1 Was sind Küsten?

Im Allgemeinen bezeichnet man als Küsten den Grenzsaum zwischen Land und See (DONGUS 1980: 180). Der Begriff „Saum" impliziert die Tatsache, dass die Küste keine klare Trennlinie zwischen den beiden angeführten Bereichen darstellt, sondern vielmehr eine Übergangszone.

3.2 Entstehung der Nordseeküste

Da sich diese Arbeit mit der Nordseeküste beschäftigt, ist es unerlässlich auch die geomorphologischen Aspekte hervorzuheben. Zweifelsohne ist diese Küste dahin gehend als interessant zu bezeichnen, was auch an der Tatsache sichtbar wird, dass sich viele Forschungsprojekte dahin gehend orientiert haben. Zur Entstehung der Nordseeküste und den morphologischen Details sei hier als gutes Beispiel das Buch „THE MORPHODYNAMICS OF THE WADDEN SEA" erwähnt (EHLERS 1988).

Ein kurzer Abriss zur Entstehung der Nordseeküste beginnt nach den kaledonischen und variskischen Gebirgsbildungen südlich und nördlich des Nordseegebietes. Diese Prozesse ließen zunächst ein flaches Meer in der Mitteldeutschen Senke entstehen. Es folgte ein Absinken des Landes im Pilozän, wodurch eine Verbindung zum Atlantik entstand. Nahezu gleichzeitig hob sich das Land im Süden, was eine eustatische Absenkung des Meeresspiegels zur Folge hatte, sodass die Nordsee in den Vereisungsperioden oft trocken fiel (TIETZE 1983: 919).

Es folgten mehrere Perioden der Eisbedeckung während des Quartärs und der Elstereiszeit. Dadurch entstanden tiefe Täler, die während der Holsteinwarmzeit mit marinen Sedimenten wieder aufgefüllte wurden. Während der Weichseleiszeit wurden große Wassermengen im Gletschereis gebunden, weshalb der Meeresspiegel 100m unter dem heutigen lag. Es folgte eine Warmzeit, in der das Eis schnell schmolz, das Wasser sich nach Süden ausbreitete. Vor ca. 7000 Jahren war die heutige Nordseeküstenlinie entstanden.

Es bleibt also festzuhalten, dass die Nordseeküste „eiszeitlich geformt", die einzelnen Formen aber durch das Meer und Sedimentablagerungen bestimmt (LIEDTKE 1995: 222 – 224).

Aufgrund des beschriebenen Entstehungsprozesses der Nordsee weist diese Küste einige Besonderheiten auf, die die nachfolgende Abbildung (TIETZE 1983: 919) illustrieren. Die

Nordseeküste zählt zu den Flachküsten, ist gekennzeichnet durch ein Wattenmeer und es wirken Ebbe und Flut, weshalb diese typische Abfolge der Küste entstanden ist.

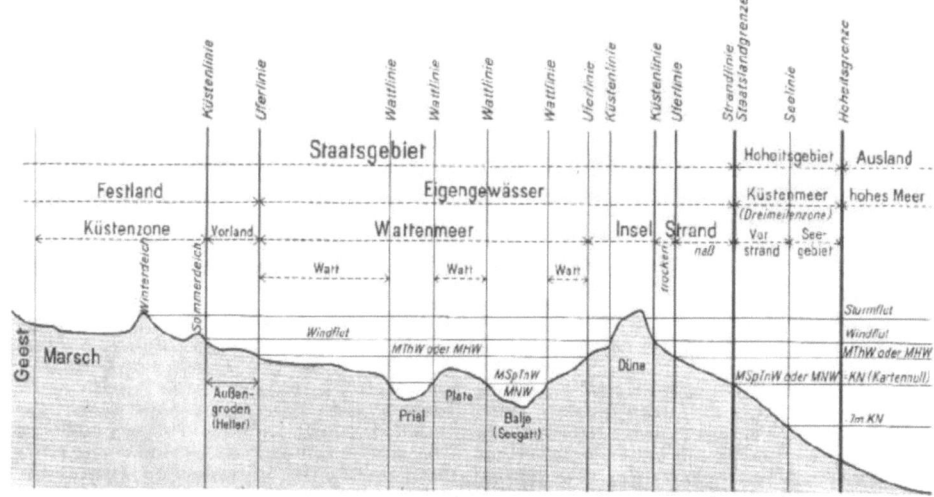

Abb. 2: Schema der Küstenterminologie der deutschen Nordseeküste (aus TIETZE 1983: 919)

4 Fazit

Die Arbeit hat sich mit der Frage beschäftigt, wie gefährdet die Nordseeküste ist. Dazu wurden verschiedene Aspekte einer Sturmflut beleuchtet, bevor die Entstehung der Küste im Groben erklärt wurde.

Es steht außer Frage, dass die Nordseeküste durch das vermehrte Auftreten von Sturmfluten ein nicht unerhebliches Gefahrenpotential aufweist; aber neben dieser Erkenntnis steht die Tatsache, dass die Nordsee seit Jahrhunderten sowohl durch natürliches als auch durch menschliches Wirken geschützt wird.

Es bleibt festzuhalten, dass die Nordsee durch die typische Abfolge verschiedener Küstenelemente (siehe Abb. 2) einen natürlichen Schutz vor z. B. Sturmfluten bietet. Doch in der Vergangenheit hat sich immer wieder gezeigt, dass ein natürlicher Schutz bei weitem nicht ausreicht (siehe Tabelle 1). Es wird auch in Zukunft unerlässlich bleiben, die Deiche vor der Küste zu verbessern, um die ackerbaulich genutzte Marsch (RATHJENS 1979), ebenso wie das Ökosystem im Wattenmeer (DITTMANN 1999) zu schützen und die Sicherheit der Bevölkerung auch weiterhin zu gewährleisten.

Literaturverzeichnis

BUCHWALD, K.(1996): Die Nordsee – Randmeer des Atlantik. In: BUCHWALD, K. , W. ENGELHARDT & U. SCHLÜTER: Nordsee. Bonn: Economica, 19-21.

DIERCKE Wörterbuch Ökologie und Umwelt (1993), Band 2, hrsg. von LESER, H., B. STREIT, H. HAAS, J. HUBER-FRÖHLI, T. MOSIMANN, & R. PAESLER. München: dtv; Braunschweig: Westermann.

DITTMANN, S. (1999): The Wadden Sea Ecosystem. Stability Properties and Mechanisms. Heidelberg: Springer.

DONGUS, H. (1980): Die geomorphologischen Grundstrukturen der Erde. Teubner Studienbücher Geographie. Stuttgart: Teubner.

EHLES, J. (1988): The Morphodynamics of the Wadden Sea. Geological Survey. Rotterdam: Balkema.

JENSEN.J (2000): Extremereignisse an Nord- und Ostseeküste. Ermittlung von Bemessungsereignissen<http://www.fi.unihannover.de/~material/pdf_franzius_mitteilungen/h eft85_artikel4.pdf> (Stand: 2000) (Zugriff: 2008-03-16).

LIEDTKE, H. & J. MARCINEK (1995): Physische Geographie Deutschlands. Gotha: Klett.

MEIER, D. : (2005): Land unter. Die Geschichte der Flutkatastrophen. Ostfildern: Thorbecke.

PETERSEN, M. & H. ROHDE (1977): Sturmflut – Die großen Fluten an den Küsten Schleswig Holsteins und der Elbe. Neumünster: Wacholtz.

RATHJENS, C. (1979): Die Formung der Erdoberfläche unter dem Einfluß des Menschen. Grundzüge der Antrpogenetischen Geomorphologie. Teubner Studienbücher der Geographie. Stuttgart: Teubner.

SITTER, D. (2007): Sturmflut und Überschwemmung. http://www.staff.uni-mainz.de/hjfuchs/Deutschland%20Hauptseminar%202007/docs/Extreme%20Klimaereignisse %20in%20Deutschland%20-%20Sturmfluten%20und%20%C3%9Cberschwemmungen.pdf (Stand: 2007) (Zugriff: 2008-03-16).

TIETZE, W. (1983): Westermann – Lexikon der Geographie. Weinheim: Westermann.